Bibliografische Information der Deutschen Nationalbibliothek:

Die Deutsche Bibliothek verzeichnet diese Publikation in der Deutschen Nationalbibliografie; detaillierte bibliografische Daten sind im Internet über http://dnb.d-nb.de/ abrufbar.

Impressum:

Druck und Bindung: Books on Demand GmbH, Norderstedt Germany
ISBN: 9783668444256

Dieses Buch bei GRIN:

http://www.grin.com/de/e-book/359192/krebs-als-volkskrankheit-und-seine-behandlungsmethoden

Maximilian K.

Krebs als Volkskrankheit und seine Behandlungsmethoden

GRIN Verlag

Essay 2016

Thema: Krebs genauer unter der Lupe.

Hier war die Arzenei, die Patienten starben,
Und niemand fragte: wer genas?
So haben wir mit höllischen Latwergen
In diesen Tälern, diesen Bergen
Weit schlimmer als die Pest getobt.
Ich habe selbst den Gift an Tausende gegeben:
Sie welkten hin, ich muß erleben,
Daß man die frechen Mörder lobt.

Quelle: Johann Wolfgang von Goethe, Faust I

Verfasser: Maximilian K.

Inhalt

1. Überblick und einleitende Worte

In diesem ersten Kapitel geht es nicht um die Definition von Krebs per se. Es geht vielmehr darum einen Überblick zu gewähren und allgemeine sowie scharf formulierte Frage zu beantworten -Deutschland betreffend aber auch Weltweit gesehen- und neue Betrachtungsweisen einzunehmen. Mit dieser kurzen Einführung beginnt dieser Essay über „Krebs – die Ablassbriefe der Neuzeit“. Weshalb der Essay dieses Thema trägt ist in den letzten Kapiteln verschriftlicht dargestellt.

1.1 Häufigkeit der Erkrankungen

„Jährlich erkranken rund 500.000 Menschen in Deutschland neu an Krebs, rund 224.000 Menschen sterben im Jahr daran. Damit bleibt Krebs nach den Herz-Kreislauferkrankungen die zweithäufigste Todesursache. Jährlich erkranken in Deutschland etwa 1.800 Kinder neu an Krebs. Diese Zahl ist seit vielen Jahren konstant. Leukämien machen etwa ein Drittel aller Krebserkrankungen bei unter 15-Jährigen aus“ (KREBSHILFE 2016). Im Jahr 2012 hatte es weltweit rund 14 Millionen Neuerkrankte gegeben, heißt es im Welt-Krebs-Bericht 2014 (vgl. WELT KREBSBERICHT 2014).

1.2 Krebsarten

Mehr als dreihundert verschiedene Krebsarten sind mittlerweile bekannt. Die bekanntesten Krebsarten sind: Brustkrebs, Prostatakarzinom, Darmkrebs, Lungenkrebs, Hautkrebs, Gebärmutterhalskrebs. Prostatakrebs ist die häufigste Krebserkrankung und die dritthäufigste Todesursache bei Männern in Deutschland. Die Zahl der Neuerkrankungen wird für das Jahr 2016 auf 66.900 geschätzt. Mit zuletzt rund 70.000 Neuerkrankungen im Jahr ist der Brustkrebs die mit Abstand häufigste Krebserkrankung der Frau. Etwa eine von acht Frauen erkrankt im Laufe ihres Lebens an Brustkrebs. Fast drei von zehn betroffenen Frauen sind bei Diagnosestellung jünger als 55 Jahre. Auch Männer können an Brustkrebs erkranken. Dies ist jedoch sehr selten: Bei etwa 700 Männern wird jährlich Brustkrebs diagnostiziert (vgl. KREBSHILFE 2016)

1.3 Aktuell erkrankte und Tote

„Vor 1980 starben mehr als zwei Drittel aller Krebspatienten an ihrer Krebserkrankung. Heute kann mehr als die Hälfte auf dauerhafte Heilung hoffen“ (KREBSINFORMATIONSDIENST 2016). Im Jahr 2025 könnten jährlich 20 Millionen Menschen weltweit an Krebs erkranken - rund 40 Prozent mehr als derzeit. Zu diesem Ergebnis kommt eine Studie der Weltgesundheitsorganisation (WHO). In den kommenden zwei Jahrzehnten sei ein Plus von rund 70 Prozent möglich. In den kommenden zwei Jahrzehnten werde die Zahl auf bis zu 13 Millionen Todesfälle steigen (vgl. WELT KREBSBERICHT 2014). Über die aktuellen Krebszahlen gibt es relativ wenige Statistiken. Diese waren die Jahre zuvor detaillierter.

1.4 Tod durch Krebs. Wahrscheinlichkeit nach Ländern.

Etwa jeder vierte Todesfall in Deutschland war 2012 durch Krebs bedingt: Insgesamt starben 220.923 Menschen an dieser Erkrankung jährlich. An Herz-Kreislauf-Erkrankungen verstarben im gleichen Zeitraum 342.233 Menschen (vgl. (KREBSINFORMATIONSDIENST 2016)

Im Jahr 2000 erkrankten weltweit mehr als 10 Millionen Menschen neu an Krebs, es lebten mehr als 22 Millionen Menschen mit Krebs und es starben 6,2 Millionen Menschen daran. (ONCOLOGY 2003) Wie im vorherigen Absatz erwähnt sind im Internet keine genauen aktuellen Zahlen zu finden wie viele Menschen weltweit an Krebs erkrankt sind. Doch mit den zugrundeliegenden Daten lässt sich folgende Hypothese tätigen:

	Neu erkrankte	Geheilte	Todesfälle	An Krebs erkrankt
2000	10 Mio	3 Mio	6,2	22 Mio
2010	13 Mio	7 Mio	8 Mio	30 Mio
2015	14 Mio	8 Mio	8,2	50 Mio

Diese Hypothese wird durch einen weiteren Faktor gestützt. In Deutschland leben zufolge der Broschüre „Krebs in Deutschland" im Jahr 2012 insgesamt etwa 1,6 Millionen Krebskranke Menschen. Das ist ein Drittel der Infizierungsrate. Allerdings ist in Deutschland das Gesundheitssystem hervorragend. Somit ist wohl nicht ein Drittel, sondern vermutlich ein Viertel, wenn nicht höher die Quote zwischen neu Erkranken und aktuell an Krebs leidenden. Die Zahlen von 40 bis 60 Millionen an Krebs leidenden Menschen basiert auf reinen Schätzungen und sind nicht als absolut anzusehen.[1]

Auch wenn diese Grafik bereits 15 Jahre alt ist zeigt sie dennoch klar auf das vor allem in den hochentwickelten respektive den Industrieländern eine Erkrankung an Krebs wesentlich wahrscheinlicher ist als in ärmeren oder Dritte-Welt-Ländern. Worauf sich dies zurückzuführen lässt wird im dritten und vierten Kapitel behandelt

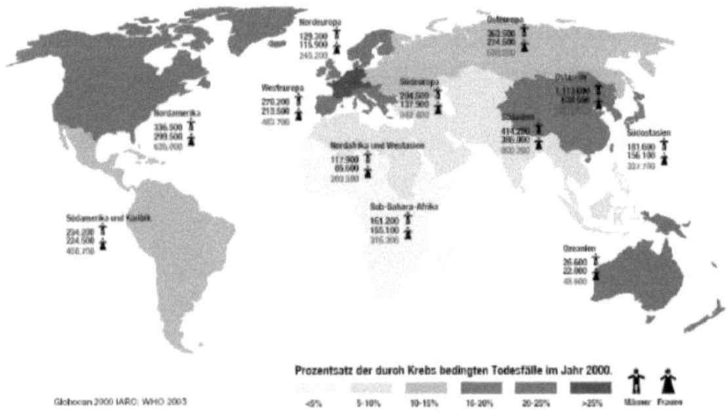

[1] Nach einer weit pragmatischeren Rechnung kommt man auf ein wesentlich höheres Ergebnis. 80 Mio Menschen 1,6 Mio erkrankte. Multipliziert man dies mit 100 so erhält man 8 Milliarden Menschen 160 Millionen an Krebskranke Menschen.

Im Jahr 2012 hatte es rund 14 Millionen Neuerkrankte gegeben, heißt es im Welt-Krebs-Bericht 2014. Etwa 8,2 Millionen Menschen seien an Krebs gestorben. Interessant daran ist das aktuelle mehr als 50% der von Krebs erkrankten Personen „geheilt" werden können *sollten.* Fraglich ist ob das anhand der vorliegenden Zahlen der fall seinen kann. Denkt man an die unterschiedliche Versorgung welche zwischen Europa und Dritte-Welt-Ländern, ja sogar in Europa herrscht ist das nicht verwunderlich. Ohne eine ausreichende Krankenversicherung kann man sich die kostspieligen Therapien und Medikamente nicht leisten (vgl. WELT KREBSBERICHT 2014)

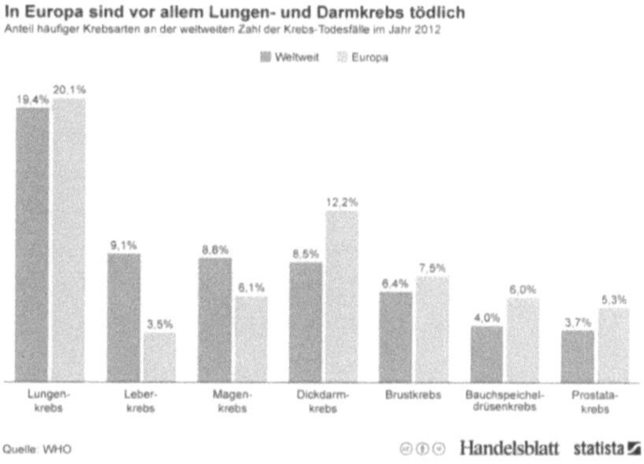

2. Was ist Krebs

Die Namensgeschichte von Krebs als Krankheit geht bis in das 2. Jhd. n. Chr. zurück. Die Bezeichnung stammt aus dem Altgriechischen wo durch das Wort *karkínos* sowohl das Tier Krebs=Krabbe als auch die Krankheit bezeichnet wurde. Zum ersten Mal taucht diese Bezeichnung im Corpus Hippocraticum[2] auf. Dort war folgendes zu lesen: (vgl. ebd.)

> „... und an der Brust sahen wir häufig Tumoren, die der Gestalt eines Krebses sehr ähnlich waren. So wie die Beine des Tieres an beiden Seiten des Körpers liegen, so verlassen die Venen den Tumor, der seiner Form nach dem Krebskörper gleicht." – GALENOS VON PERGAMON

Aristoteles bezeichnete den Krebs als *oberflächlich feststellbare, in benachbarte Organe infiltrierende und einwachsende Geschwüre* wie man es bei Haut-, und Brustkrebs vorfindet.

Die Frage danach was Krebs ist scheint banal zu sein, da dies schon seit über 2000 Jahren eine bekannte Krankheit ist. Je mehr man sich jedoch mit der Erkrankung Krebs befasst, umso mehr wird die scheinbare simple Frage nach Krebs kompliziert. Die Mehrheit glaubt an einen Gendefekt, allerdings glaubten bis vor 500 Jahren die Mehrheit der Menschen daran das die Erde eine Scheibe ist. Durch diese Ausarbeitung soll nicht die Sichtweise des Verfassers als absolut genommen werden, sondern viel mehr zum Nachdenken anregen. In der Gegenwart mangelt es anders als in der Vergangenheit nicht am *Wissen* als am

[2] Dies ist eine Sammlung von mehr als 50 verschiedenen medizinischen Texten in einem Zeitraum von etwa 700 -etwa 500 v. Chr. bis 200 n. Chr.- Jahren. (vgl. WIKIPEDIA 2016)

Wollen bestimmte Fakten preiszugeben. Um das *Wissen* also was Krebs ist geht es in diesem Kapitel. Im Folgenden werden mehrere Ansätze bzw. Thesen dargestellt wie Krebs entsteht. Wer hinter dem *Wollen* oder nicht wollen steckt folgt im Anschluss.

2.1 Schulmedizin

Die Ursache für Krebstumore ist eine Zelle mit defektem Erbgut. Wir haben Gene die dafür verantwortlich sind das Zellwachstum und Zellteilung in Gleichgewicht bleiben. Onko-Gene fördern das Wachstum, Tumorsupressor-Gene kontrollieren und unterdrücken das Wachstum. Die Schädigung dieser Gene (im Erbgut der Zelle) können auch bei gesunden Menschen immer wieder auftreten. Der Körper hat jedoch spezielle Reparatursysteme, welche die Gene wieder reparieren. Sollte dies nicht möglich sein, hat der Organismus eine weitere Option um diesen Gendefekt in den Griff zu bekommen: Der programmierte Zelltod. Die sogenannte Apoptose wird durch die Killerzellen (Makrophagen) eingeleitet. Sie docken mit Ihren Rezeptoren an den Zellen an und aktivieren somit den „Zellselbstmord" (vgl. THESIMPLECLUB 2015)

Sollte die Zelle bereits so mutiert sein, dass die Makrophagen nicht an der mutierten Zelle andocken können oder die Apoptose trotz andocken nicht eingeleitet werden kann, besitzt der Organismus noch eine letzte Möglichkeit den Krebs zu vernichten. Jede Zelle braucht Sauerstoff, ob mutierte oder gesunde Zellen. Der Körper versucht die Sauerstoffzufuhr der Krebszellen zu unterbrechen indem er sie mit gesunden Zellen umschließt. Dadurch sind sie erfolgreich vom Sauerstoff abgekapselt und sterben im Normalfall ab. Doch einigen Krebszellen kann es gelingen durch die Abdeckung hindurch Signale an die Blutbahn zu senden. Das bewirkt, dass sehr dünne Adern zu den eingewachsenen Krebszellen wandern und diese mit Nährstoffen und Sauerstoffe versorgt. Dadurch können die Krebszellen weiterwachsen. Wenn die Reparaturmechanismen es nicht schaffen die Zelle mit dem defekten Gen zu reparieren und die Abwehrmechanismen es nicht schaffen diese zu zerstören entsteht eine übermäßige Gewebeneubildung, welche als Krebs bekannt ist (vgl. ebd.)

Allerdings gibt es gutartige und bösartige Tumore. Gutartige Tumoren (benigne) verdrängen durch ihr Wachstum das Nachbargewebe, sie durchwachsen es allerdings nicht. Eine Streuung in andere Gewebsschichten oder Organe findet aber nicht statt. Bei bösartigen Tumoren (malignen) ist das nicht der Fall. Sie wachsen in benachbarte Gewebe und zerstören es. Des Weiteren können sie sich über die Blutlaufbahn im ganzen Körper verteilen und dort Tochtergeschwülste bilden sogenannte Metastasen (vgl. ebd.)

2.2 Die Virus-These

Bereits im Jahr 2004 haben amerikanische Wissenschaftler der Georg-Washington-Universität einen Virus entdeckt der für eine bestimmte Krebsart verantwortlich sein soll. Sie entdeckten im Gewebe von Brustkrebspatientinnen das Virus MMTV. Das Mouse Mammary Tumour Virus verursacht bei Mäusen Brustkrebs. Das geht gemäß den Wissenschaftlern aus früheren Studien hervor. Die Forscher untersuchten Patientinnen aus unterschiedlichen Ländern, wobei über 90 Prozent den Virus aufwiesen (vgl. FOCUS 2004). Die Virus-These geht „davon aus, dass ein bestimmtes Virus als Auslöser für die unkontrollierte Wucherung der Krebszellen sei. Es gibt zahlreiche Krebsarten, von denen man annimmt, dass sie auf irgendeine Weise von Viren beeinflusst werden. Jedoch weisen zahlreiche wissenschaftliche Untersuchungen darauf hin, dass es sich immer um sogenannte *„sekundäre Krebsursachen"* handelt!" (VITAMINUM 2015).

2.3 Die Schadstoff-These

Die Schadstoff-These geht davon aus, dass der Körper durch Umweltgifte und Chemie eine Belastung erfährt, die er nicht mehr kompensieren kann – er reagiert mit Krebs. Der Einfluss der meisten Chemikalien seien nach Einschätzung von Experten eher gering. Fraglich ist jedoch weshalb beispielsweise Jahrzehnte lang benutzen Gegenständen wie Deo Doranten mit Krebserregenden Substanzen versehen waren und teilweise immer noch sind. Beispiele dafür sind Parabene und Aluminium (vgl. KREBSINFORMATIONSDIENST 2014).

„Jetzt gibt auch die Deutsche Krebsgesellschaft eine Warnung zu möglichen Folgen von Parabenen heraus. Die Gesellschaft rät Frauen, auf Deodorants und Kosmetika zu verzichten, die diesen Stoff enthalten" (BRUSTKREBS 2004).

Diese These erscheint zunächst auch sehr plausibel, wenn man beispielsweise die Statistiken der Krebserkrankungen in Katastrophengebieten wie Hiroshima oder Tschernobyl betrachtet. In dem Buch Medizinskandal Krebs wird über diese Theorie gesagt das sie ebenfalls wie die Virentheorie um eine *sekundäre Ursache für Krebs seien.* (vgl. VITAMINUM 2015).

2.4 Die Trophoblasten-These

Edward Griffin erklärt den Unterschied zwischen der Trophobalsten-These und der anderen vorliegenden Thesen sehr treffend: „Während die meisten Forscher davon ausgehen, dass Krebs ein körperfremdes Phänomen und Teil eines Prozesses von Tod und Zerfall ist, ist es doch in Wirklichkeit ein wichtiger Teil des Lebenszyklus und Zeichen der Fülle des Lebens und der Heilung" (VITAMINUM 2015). Alle bislang geschilderten Entstehungsmöglichkeiten von Krebs sind, wenn man davon ausgeht das die Trophoblasten-These tatsächlich der Wahrheit entspricht, falsch.

Bereits im Jahre 1902 wurde durch Embriologist John Beard (*1858-1924†), welcher an der Universität von Edinburgh in Schottland studierte, einen Artikel für die medizinische Zeitschrift "Lancet" veröffentlicht. „Er konstatierte darin, dass sich Krebszellen und gewisse präembryonale Zellen, die Trophoblasten, deren Auftreten im Frühstadium der Schwangerschaft normal ist, nicht voneinander unterscheiden. In seinen umfangreichen Forschungen gelangte Dr. Beard zum Ergebnis, dass Krebs und Trophoblast identisch sind" (ALTERNATIVHEILUNG 2016). Aus seinen Untersuchungen geht hervor, dass es keinen erkennbaren Unterschied zwischen hochgradig maligner Krebszellen und bestimmte pre embryonalen Zellen gibt. Diese embryonalen Zellen sind für die ersten 8 Lebenswochen des Fötus völlig normal. In der 8ten Woche entwickelt sich die Bauchspeicheldrüse (Pankreas). Die Wirkung von Enzymen aus der Bauchspeicheldrüse sind für die Trophoblasten tödlich. Typsin und Chymotypsin zerstören die Trophoblasten. Diese Enzyme sind auch bei der Krebsbekämpfung aktiv (vgl. THE TROPHOBLASTIC THEORY OF CANCER 2011).

Die Trophoblasten weisen beim Fötus genau die gleichen klassischen Anzeichen auf wie maligner Krebs. Im lakunären Stadium der Schwangerschaft (Tag 8-9) wachsen die Trophoblasten in die Gebärmutterschleimhaut ein (vgl. HUCH et. al. 2015: S.80ff). Dieses einwachsen oder auffressen wird wie zuvor beschrieben durch Enzyme der Bauchspeicheldrüse beendet. Ebenso wird bei einer Krebserkrankung versucht die Ausbreitung durch diese Enzyme zu verhindern. Doch bevor auf dieses Thema konkret eingegangen wird, werden der Krankheitsweg, sowie dessen Ursachen beschrieben.

Trophoblasten bilden sich durch eine Kettenreaktion mit der "Universalzelle" oder auch Stammzelle, die noch alle Merkmale des vollständigen Organismus enthält und die universale Fähigkeit hat, sich zu jedem Gewebe, Organ, Hautpartikel etc. zu entwickeln. Etwa 80% der Universalzellen befinden sich in Eierstöcken bzw. Hoden als Vorrat für spätere Nachkommen, die restlichen sind über den Körper verteilt und man vermutet, dass sie für Regeneration und Heilung in geschädigtem oder alterndem Gewebe benötigt werden. Das Hormon Östrogen, das bei Frauen und Männern viele lebensnotwendige Aufgaben erledigt, kann Veränderungen im lebenden Gewebe verursachen. Wenn der Körper durch physisches Trauma oder chemische Einwirkungen oder Krankheiten geschädigt ist, verteilen sich hohe Konzentrationen von Östrogen und anderen Steroidhormonen im Körper und regen die Körperheilung an. Zu Krebs kommt es erst dann, wenn der Heilungsprozess vom Körper nicht beendet wird, sobald die Aufgabe erledigt ist (vgl. ebd.) Anders ausgedrückt hat jede Zelle im Körper eine bestimmte Aufgabe. Kann sie diese nicht mehr erfüllen durch beispielsweise Chemie die in den Organismus eindringt[4] stirbt sie durch die Apoptose und wird durch eine Stammzelle ersetzt. Die Stammzelle morpht sich zu der durch Apoptose zerstörten Zelle. Sie ist danach keine Stammzelle mehr und kann auch nicht wieder in diesen Zustand zurück. Die Krebszelle ist ebenso eine veränderte Stammzelle, allerdings mit einer besonderen unbeabsichtigten Fähigkeit – sich kontinuierlich zu vermehren. Der Mangel an Pankreas-Enzymen (Amygdalin) und Nitrilen (Vitamin B17) bedingt die unkontrollierte Teilung. Ein Tumor entsteht (vgl. MMNEWS 2014).

Zusammenfassend kann gesagt werden, dass Krebs immer ein Heilungsprozess darstellt, der außer Kontrolle geraten ist. Dabei spielt es keine große Rolle, was den Körper

---

[3] „In diesem Zusammenhang ist interessant(..), dass bei Diabetikern, die ja an einer Fehlfunktion der Bauchspeicheldrüse leiden, die Krebswahrscheinlichkeit dreimal so hoch ist wie bei Nicht-Diabetikern" (ALTERNATIVHEILUNG 2016)

[4] Beispielsweise durch das Auftragen von Sonnencreme und das Eindringen der Nanopartikel in die Haut.

bewogen hat, einen Heilungsprozess zu starten. Wir kennen heute die unterschiedlichsten Theorien, weshalb Krebs entsteht. Es können Verletzungen, Vergiftungen durch Umweltgifte, unsauberes Wasser, Parasiten, Viren, UV-Strahlen und noch viel mehr Gründe sein die den Körper anregen, einen Heilungsprozess zu starten. Der Körper reagiert immer gleich: Er will einen Angriff auf seine Zellen abwehren. Entscheidend ist nach dieser These nicht der Stoff, der die Verletzung oder Vergiftung verursacht hat, sondern die Reaktion des Körpers (vgl. ALTERNATIVHEILUNG 2016). Dieser Ansatz erklärt auch die Häufung von Krebs in der Gegenwart. Umso mehr die Industrialisierung vorangeschritten ist, umso häufiger musste der Körper auf Angriffe reagieren und Schädigungen der Haut, Zelle, Gewebe oder Organe parieren und einen Heilungsprozess in Gang setzen. Da diese Angriffe immer früher beginnen und dies durch Handelsübliche Produkte wie Deo Doranten, Zahnpaste, Sonnencreme, Nikotin, die Pille[5], Schminke, Parfüme und sogar Kleidung wird Krebs in der Zukunft die Krankheit sein, welche am meisten Todesopfer fordert.

Als kurzer Exkurs ist die eine Nachweismethode von Krebs einzuschieben. Trophoblastenzellen (im Embryo) bilden das Hormon Choriongonadotropin (CG), und das tun ebenso die Krebszellen. Dieses Hormon ist im Urin leicht nachzuweisen und es gibt keine andere Zellart, die Choriongonadotropin bildet. Wenn man also im Urin CG nachweisen kann, liegt entweder eine Schwangerschaft vor oder Krebs. Mit diesem einfachen Urintest kann man Krebs nachweisen, lange bevor er sich als Knoten oder Krankheit manifestiert. Diese Methode wird in der aktuellen Medizin jedoch nicht praktiziert. Wenn man die Trophoblastenthese ablehnt, muss man auch die Nachweismethode ablehnen (vgl. ebd.)

Abschließend kann gesagt werden, dass die Trophoblasten These sich im Laufe der letzten 100 Jahre verifiziert hat. Diverse Doktoren und Forscher habe im Laufe der Jahre - mit technisch fortgeschrittenen Instrumenten - versucht die These zu falsifizieren oder sie erneut zu bestätigen. Am 15. Oktober 1995 (93 Jahre nach der Veröffentlichung von Dr. Beards Theorie) erschien in einer schulmedizinischen Zeitschrift ein Bericht über einen von den Doktoren Acevedo, Tong und Hartsock durchgeführte Studie, die bestätigte, dass Krebs und Trophoblast ein und dasselbe sind. Dennoch wird Krebs sowohl im Medizinstudium, als auch in nahezu allen Fachbüchern und Zeitschriften als Gendefekt dargestellt. Im folgenden Kapitel wird deshalb zuerst auf die Heilungsmöglichkeiten von Krebs nach der Schulmedizin eingegangen, anschließend auf die Behandlung von Krebs mit dem Hintergrund der Trophoblasten „These“. Im darauffolgenden Kapitel wird darauf eingegangen weshalb weiterhin der Gendefekt als Krebsursache der Öffentlichkeit dargestellt wird.

[5] Die "Pille" und Brustkrebs. In Studien über den Zusammenhang von Brustkrebs und der Pille wurde festgestellt, dass bei Frauen, welche die Pille nehmen (besonders östrogenhaltige Präparate), sich nicht nur die Brust irreversibel verändert, sondern auch das Krebsrisiko auf das dreifache ansteigt. Die Wirkung von Östrogen vor dem Hintergrund der Trophoblastenthese würde wohl eine logische und plausible Erklärung liefern und die Trophoblastenthese deutlich stützen (vgl. ebd.)

3. Unterschiedliche Behandlungsmöglichkeiten von Krebs

Eine Wunderwaffe gegen Krebs wird es in den nächsten Jahren nicht geben. Dennoch erzielt die Medizin heute enorme Fortschritte gegen die Krankheit, an der jeder dritte Deutsche im Laufe seines Lebens erkrankt. Prof. Michael Bamberg, Präsident der Deutschen Krebsgesellschaft in Berlin: „Es gibt zahlreiche neue Ansätze, z.B. die Behandlung mit Stammzellen, die Immun- und die Antikörpertherapie." Auch innovative Medikamente werden gegen den Krebs eingesetzt. Im Jahre 2013 waren über 50 Mittel gegen Lungen-, Brust- oder Darmkrebs zugelassen (vgl. VITAL 2012).

Da sich dieses Kapitel mit der Heilung von Krebs beschäftigen wird, werde ich nicht auf die Chemo-, oder Strahlentherapie[6] eingehen. Zwei Zitate werden dafür anführt um aufzuzeigen das eine Bestrahlung des Körpers definitiv kein Heilungsweg für Krebs sein sollte:

> Eine „Chemotherapie fördert Krebs, statt ihn zu bekämpfen". Das ist das Ergebnis einer Studie vom Fred-Hutchinson-Krebsforschungsinstitut (3E ZENTRUM 2015)
>
> „Die renommiert Zeitschrift Clinical Oncology berichtet in 2004 von der Arbeit von drei australischen Professoren, die die Daten klinischer Studien mit Chemotherapie der letzten 20 Jahre in Australien (72.964 Patienten) und den USA (154.971) ausgewerteten. Das Ergebnis war sehr ernüchternd. Nur 2,3% der Patienten in Australien und nur 2,1% der Patienten in den USA profitierten von einer Chemotherapie, in Bezug auf das 5 Jahre Überlebenszeit" (ebd.).

3.1 Operation

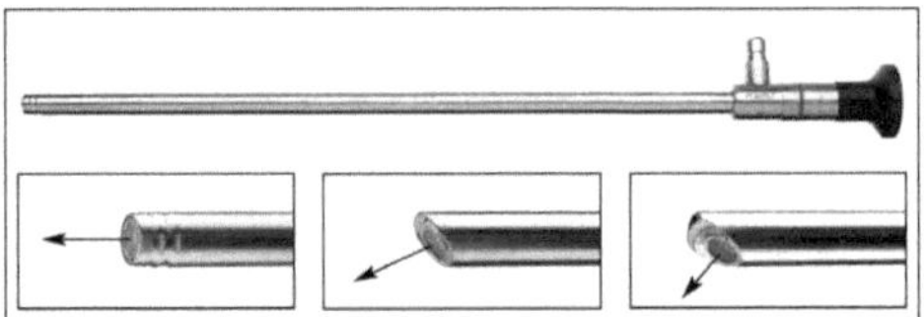

Bei einer operativen Behandlung entfernt der Chirurg den Tumor mit dem Skalpell oder in einem minimalinvasiven Eingriff per Endoskop[7]. Oft wird die Geschwulst davor mit Medikamenten oder Strahlen behandelt, damit sie schrumpft und die Krebszellen während der OP nicht ins Gewebe streuen. Der Behandlungserfolg einer Operation ist von der Größe der Krebs(knoten) abhängig. So kann die Überlebenschance bei einer Operation zwischen 60 Prozent bei größeren Tumoren und 96 Prozent bei kleinen liegen (vgl. VITAL 2012).

---

[6] Chemotherapie und Strahlentherapie sind nicht ein und das selbe. Bei der Strahlentherapie wird mit Röntgenstrahlen gearbeitet, bei der Chemo wird dem Körper Zellgift zugeführt.

7 Es gibt mehrere Arten von Endoskopen. Ein Laparoskop wird beispielsweise bei Untersuchungen oder Eingriffen in der Bauchhöhle verwendet, während für die Gebärmutter ein Hysteroskop benutzt wird. Starre Endoskope werden bei der Entfernung von den meisten Krebsarten verwandt. Sie bestehen aus einem starren Metallschaft, der das Einführen von Instrumenten erlaubt. Eine Operation mit diesem starren Endoskop wird als minimal-invasiver chirurgischer Eingriff bezeichnet.

Problematisch bei der Entfernung eines Tumors durch einen chirurgischen Eingriff ist die Metastasierung. Durch die Entnahme der befallenen Zellen besteht während des Eingriffs ein erhöhtes Metastasierungsrisiko (vgl. KREBSINFORMATIONSDIENST 2011).

3.2 Hormontherapie (Antihormontherapie)

Etwa 70 bis 80 Prozent der Frauen mit Brustkrebs haben einen Tumor, der durch Hormone wie Östrogen angeregt wird. Die Hormontherapie unterdrückt durch bestimmte Substanzen – Aromatasehemmer oder den Wirkstoff Tamoxifen – Botenstoffe, die das Krebswachstum fördern. Bei der Hormontherapie treten im Vergleich zur Chemotherapie selten Nebenwirkungen auf. Bei fortgeschrittenem Brustkrebs kann sie sogar wirksamer sein als eine Chemo. Neue Studien zeigen, dass Aromatasehemmer besser sind als Tamoxifen (vgl. VITAL 2012). Die Hormontherapie hat im Vergleich zu einer Chemotherapie weniger belastende Nebenwirkungen. Da die Antihormone jedoch über mehrere Jahre eingenommen werden, sind für betroffene Frauen auch vergleichsweise geringfügigere Nebenwirkungen von Bedeutung. Über genaue Nebenwirkungen kann nichts gesagt werden, da jeder Organismus individuell auf die Hormontherapie anspricht. Folgende Nebenwirkungen können auftreten: Hitzewallungen, Zyklusveränderungen, Benommenheit, Kopfschmerzen, Übelkeit Wassereinagerungen, Juckreiz im Bereich der Scheide, Muskel- und Gelenkschmerzen u.v.m. (vgl. KREBSINFORMATIONSDIENST 2012).

3.3 Antikörper-Therapie

Maßgeschneiderte Antikörper, die aus menschlichem Eiweiß hergestellt werden, heften sich gezielt an bestimmte Oberflächenmoleküle, z.B. HER2-Rezeptoren. Dort greifen sie die Krebszellen an. Durch das Andocken von Molekülen an den HER2-Rezeptor wird ein Signal das die Zellteilung auslöst, an den Zellkern gesendet (vgl. BRUSTKREBS-KOMPETENZ 2011).

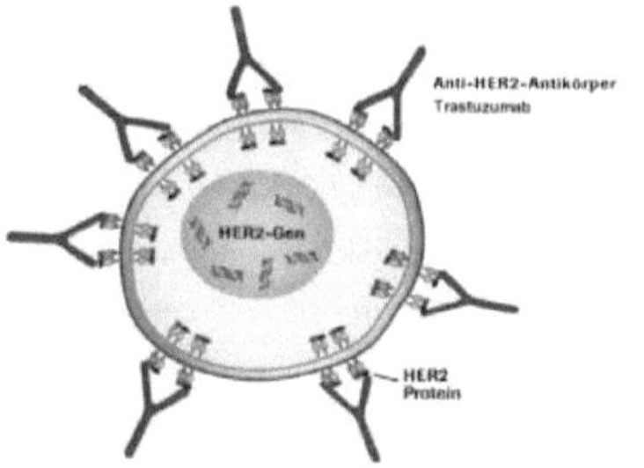

„Durch das Andocken an die Krebszelle geschehen zwei Dinge: Die körpereigene Abwehr aktiviert sich, um dann die Krebszelle abzutöten. Zusätzlich hat der Antikörper ebenfalls eine direkte, abtötende Wirkung auf die betreffende Zelle. Bildlich gesprochen funktionieren (..) Antikörper in Verbindung mit Krebszellen wie ein Schlüssel-Schloss-Prinzip dessen Ergebnis die gezielte Tötung der Krebszelle ist. Antikörper können mit anderen Substanzen gekoppelt oder allein gegeben werden“ (LEBEN MIT LYMPHOM 2016). Die Antikörpertherapie läuft in der Regel als Intervallbehandlung ab. Die Gesamtbehandlung setzt sich aus mehreren Einzelbehandlungen, den sogenannten Zyklen zusammen. Diese werden in bestimmten zeitlichen Abständen, in verschiedenen

Formen gegeben. Die Therapie erfordert in der Regel keinen stationären Aufenthalt[8]. Oft wird die Antikörpertherapie mit der Chemotherapie kombiniert und dies meist dann, wenn sich die Erkrankung bereits im dritten oder vierten Stadium befindet (vgl. LEBEN MIT LYMPHOM 2016). Der Behandlungserfolg mit Antikörpern, welche den Wirkstoff Trastuzumab besitzen, werden erfolgreich bei der Brustkrebstherapie eingesetzt. Die Überlebensrate beträgt mit Antikörpern etwa 85 Prozent, ohne 67 Prozent (vgl. VITAL 2012).

„Die häufigsten Nebenwirkungen sind Fieber, Schüttelfrost und andere grippeähnliche Symptome wie Muskelschmerzen, Kopfschmerzen und Müdigkeit. Diese klingen normalerweise rasch wieder ab. Bei einigen Patienten kommt es zu Übelkeit oder Erbrechen. Eventuell können auch allergische Reaktionen auftreten“ (Aao.)

Die Antikörper-Therapie, die Hormon Therapie sowie die operative Entfernung von Krebs werden alle durch die Schulmedizin vertreten. Die nun folgenden Therapievarianten sind und gelten als Alternativen zu der Schulmedizin. Begonnen wird mit der Therapie 3E, anschließend wird eine Ernährungstherapie vorgestellt und abschließend wird auf den Zusammenhang zwischen Vitamine B15, sowie B17 eingegangen und was diese mit Krebs zu tunen haben.

3.4 Alternative Krebstherapie 3E

Das Zentrum Buocher Höhe in Baden-Württemberg ist eine auf Krebsheilung ausgelegte Einrichtung. Sie gehen nach dem sogenannten „3E“ Modell vor.

- Ernährung = Auf eine Öl, Eiweißkosthaltige Ernährung wird dabei wert gelegt
- Entgiftung = Reinigung des Körpers, Darm etc.
- Energiearbeit = Abbauen von Stress, positive neue Lebensausrichtung erlangen

Diese Eckpfeiler sind nur äußerst grob zusammengefasst. In dem 3E Zentrum wird der Mensch ganzheitlich betrachtet und nicht auf seine Krankheit reduziert. Es geht nicht nur darum aus dem Alltag und seinen belastenden Situationen zu entkommen, sondern eine neue, eine positive Lebenseinstellung zu gewinnen und auf Dauer erhalten zu können[9] (vgl. ebd.)

Welche Auffassung das 3E Zentrum über die Ursache von Krebs hat, geht aus der Homepage nicht hervor, also ob sie einen Gendefekt oder die Trophoblasten als Krankheitsgrund sehen. Schluss endlich geht es ihnen jedoch um die Heilung von Krebs mit natürlichen Mitteln und nicht „mit der Chemiekeule“ (3E ZENTRUM 2015).

3.5 Ernährungstherapie mit Vitaminen

Linus Pauling behauptete vor über 50 Jahren das Krebs mit einer unglaublich hohen Dosis von Vitamin C (10.000mg täglich) verhindert werden könne. Außerdem war er der festen

---

[8] Die Antikörpertherapie kann entweder intravenös als Infusion oder subkutan in Form einer Spritze erfolgen (vgl. ebd.)

[9] Ein Auszug des Programms ist im Anhang zu finden

Überzeugung, dass durch die Einnahme einer doppelt bis dreifach so hohen Dosis an bestimmten Vitaminen Krebs geheilt werden kann. Er lehnte sich dabei an die von der RDA[10] empfohlenen Menge an, wobei er diese erhöhte. Alle Ärzte, die mit ihm darüber stritten, starben lange bevor Pauling starb. Er verstarb mit 94 Jahren und arbeitete zu diesem Zeitpunkt 7 Tage die Woche 14 Stunden pro Tag. (vgl. GESUNDHEITLICHE AUFKLÄRUNG 2010). Sein größter Erfolg wurde sogar von seinen Kritikern anerkannt. Dieser wird im Folgenden zitiert.

„In einer Gruppe bekamen die Probanden z. B. Selen[11] über einen Zeitraum von 5 Jahren: Der Tod von jedwelcher Ursache auch immer – wurde um 9 % reduziert. Jeder 10. der statistisch in dieser Zeit gestorben wäre, überlebt. In Bezug auf Krebs, egal welcher Art überlebten 13 %, die ansonsten gestorben wären. Und am bedeutsamsten ist, dass der Krebs, nämlich der Magen- und Speiseröhrenkrebs, der in der Hinan-Provinz am meisten verbreitet war, sich auf 21 % verringerte" (GESUNDHEITLICHE AUFKLÄRUNG 2010). Diese Versuche wurden vor über 30 Jahren durchgeführt. Ein klares Indiz dafür, dass allein durch die Ernährung dem Krebs entgegengewirkt werden kann. In seinen Forschungen konnte er zwei entscheidende Vitaminen keine Beachtung schenken, da diese erst viele Jahre später entdeckt wurden. Es handelt sich um zwei vor der Schulmedizin nicht anerkannte Vitamine, B15 und B17.

3.6 Vitamin B15 und B17

Vitamin B17 wird auch Laetril oder Amygdalin genannt. Bei der Verstoffwechselung soll aus Amygdalin ein Stoff im Körper entstehen, der Krebszellen vernichtet, gesunde Zellen aber nicht antastet (vgl. KRANKHEIT A-Z KREBS 2015)

„Die Krebszellen sind an ihrem Untergang offenbar selbst schuld. Krebszellen lieben ja Zucker und ernähren sich davon. Neben Cyanid und Benzaldehyd stecken im Amygdalin auch zwei Zucker-Moleküle (Glucose). Kaum erscheint das Amygdalin im Körper, erkennen die Krebszellen den Zucker darin und wollen ihn haben. Also bauen sie das Amygdalin auseinander, um an die beiden Zucker-Moleküle zu gelangen. Dabei werden jedoch auch das Cyanid und das Benzaldehyd frei, die jetzt zum Ersticken der Krebszelle führen und somit zum Tod der Krebszelle führen" (KRANKHEIT A-Z KREBS 2015). Die Behandlung mit Vitamin B17 / Laetril / Amygdalin ist nicht ganz ungefährlich. Sie sollte bei einer Anwendung nur unter Aufsicht bzw. unter Absprache eines Professionellen durchführen werden. Es ist umstritten, ob es bei einer Überdosierung oder zu viel Laetril auf einmal, innerlich zu einer Vergiftung und zum Tode führen kann (durch inneres Ersticken aller Zellen) (vgl. ebd.)

---

[10] **Recommended Dietary Allowances**, geben die Mengen von essentiellen Nährstoffen an, die nach dem aktuellen wissenschaftlichen Kenntnisstand für ausreichend angesehen werden, den täglichen Bedarf zu decken.

[11] Selen ist ein essentielles Spurenelement, das in allen Körperzellen vorkommt und für den menschlichen Organismus lebensnotwendig ist. Der körpereigene Stoffwechsel kann Selen nicht selbst bilden weshalb es täglich in ausreichender Menge mit der Nahrung zugefügt werden muss (vgl. CEFAK 2016)

Die pflanzlich alternativen Therapien brauchen meinst eine gewisse Zeit um erste Wirkungserfolge verbuchen zu können. Vitamin B17 braucht mindestens 7-10 Tage und danach weitere 2-3 Wochen um einen gleichmäßigen Spiegel an Amygdalin im Blut zu erreichen. Somit sollte man von B17 keine Wunder erwarten, wenn man im Endstadium zu dieser "Methode" greift (vgl. ebd.)

Vitamin B15 wird auch Pangamsäure, DMG, Dimethylglycin genannt. Der Amerikaner Dr. Ernst Krebs Junior war der Entdecker des Vitamin B15, das sich als wichtige Zusatztherapie in der Behandlung vieler Kreislauferkrankungen erwiesen hat. Er untersuchte die Eigenschaften von Aprikosenkernen, um das Vitamin B17 nachzuweisen und stieß dabei mehr durch Zufall auf das Vitamin B15. Man muss sich das Vitamin B15 wie eine Art sofort löslichen Sauerstoff vorstellen. Dadurch wird die Sauerstoffversorgung im ganzen Körper gesteigert. Es unterstützt die Ausscheidung giftiger Abfallstoffe (vgl. ALTERNATIVHEILUNG 2016)

Wie auch das Vitamin B17, wird B15 von der Schulmedizin als Vitamin nicht anerkannt. Man kann sicher sein, dass sich dieses auch nicht ändern wird, denn würde B15 offiziell erforscht, müsste alles bestätigt werden, was von Klaus Höner zum Wohl der Allgemeinheit schon lange publiziert wurde. Die Pharma-Lobby hat mit ihren eingebrachten Gesetzen eine umfassende Publizierung gerichtlich verbieten lassen. Die Nutzung dieser vergleichsweise kostengünstigen Behandlung von Krebs Es hätte den Gewinn der Pharma-Industrie erheblich geschmälert (vgl. ebd.).

3.7 Zusammenfassung

Da jeder Mensch einen Organismus hat, der sich von anderen unterscheidet, gibt es nicht die beste Krebs-Therapie. Allerdings kann abschließend gesagt werden, dass die aufwendigen Methoden, welche von der Schulmedizin praktiziert werden erstens sehr kostspielig sind und zweitens oft mit frappierenden Nebenwirkungen einhergehen. Alternative Methoden können zu Anfang als sinnfrei deklariert werden, da es schlicht unmöglich klingt durch gute Ernährung und verringertem Stresslevel Krebs in den Griff zu bekommen. Abschließend wird noch einmal auf die Trophoblasten eingegangen und aufgezeigt was sich demnach verändern müsste, um Krebs nicht erst interventiv und postventiv bekämpfen zu müssen, sondern Krebs in einem so präventiven Ausmaß zu begegnen, dass an dieser Krankheit in Zukunft nur wenige Menschen leiden müssten (vgl. KRANKHEIT A-Z KREBS 2015)

Wenn es den Forschern gelänge, den Heilungsprozess des Körpers so zu steuern, dass er nicht mehr außer Kontrolle gerät, dann wäre ein wichtiger Faktor gefunden, der vor der Entstehung von Krebs schützt. Die Lösung des Problems liegt in der Unterstützung des Körpers bei dem Heilungsversuch. Wenn sich Krebs bildet, versucht der Körper ihn zu versiegeln. Das führt zunächst zur Bildung eines Knotens oder einer Verdickung. Um den Effekt des Östrogens in den Trophoblasten entgegenzuwirken, überschwemmt der Körper die Trophoblastenregion mit einer Flut von Beta-Glukuronidase, die bei Kontakt alles

Östrogen deaktiviert. Gleichzeitig versuchen die Zellen des Gewebes, in das die Trophoblasten eindringen, diese lokal einzudämmen, indem sie sich multiplizieren. In der Regel ist der Körper erfolgreich bei dem Versuch, den Trophoblastenherd unter Kontrolle zu bringen (vgl. VITAMIN B 17 O.J.)

Das dies nicht nur eine Fiktion ist, ging aus verschiedenen Forschungen und Studien von krebsfreien Urvölkern (Eskimos, Abchasier, nordamerikanische Indianer mit traditioneller Ernährungsweise, südamerikanischer und afrikanischer Urbevölkerungen) aus. Es ergab, dass deren Ernährung nitrilosidreich ist. Bereits Albert Schweitzer schrieb 1913: "Bei meiner Ankunft in Gabun 1913 war ich überrascht, keine Krebsfälle vorzufinden. Bei den Eingeborenen 200 Meilen von der Küste entfernt, fand ich keinen einzigen." Dieses Fehlen von Krebs war auf die Unterschiede zwischen der Ernährung der Eingeborenen und der der Europäer zurückzuführen. (vgl. BERMIBS 2014)

Ein weiteres Beispiel ist das kleine Königreich der Hunza im Himalaya. Die Hunzas werden teilweise über 100 Jahre alt und erfreuen sich bis ins hohe Alter guter Gesundheit. Medizinische Teams von außen berichteten, dass sie dort keine Form von Krebs finden konnten. In diesem Land gilt Aprikosensamen als das wertvollste aller Lebensmittel und der Reichtum eines Mannes wird an der Zahl seiner Aprikosenbäume bemessen. Die traditionelle Nahrung der Hunzas enthält mehr als 200-mal so viel Nitriloside wie die westliche Durchschnittsnahrung. Die Ernährung dieses Volkes besteht aus Aprikosenfrüchten, die sie frisch und im Winter auch getrocknet verzehren, aus den Aprikosenkernen, die sie auch zu Öl pressen, aus Buchweizen, Hirse, Alfalfa (Luzerne), Erbsen, dicken Bohnen, Rüben, Salat, Sprossen von Hülsenfrüchten, Getreide und verschiedenen Beeren. Mit Ausnahme von Salat und Rüben enthalten all diese Nahrungsmittel Nitriloside bzw. Vitamin B17 (vgl. BERMIBS 2014)

4. Quellenverzeichnis

3e Zentrum 2015: https://www.3e-zentrum.de/krebstherapie/warum-alternative-krebstherapie/

Alternativheilung 2016: http://www.alternativheilung.eu/html/trophoblastenthese.html

Bermis 2014: http://www.bermibs.de/fileadmin/pdf/www.naturepower.ch/-aufsaetze/krebsbehandlung/eine_welt_ohne_krebs-die_trophoblastenthese_von_1902.pdf

Brustkrebs 2004: http://www.brustkrebs-web.de/aktuell/02_04_warnung_deos.php

Brustkrebs-Kompetenz 2011: http://www.brustkrebs-kompetenz.de/html/post_her2neu_th.html

Cefak 2016: Wozu benötigt der Körper Selen? www.cefak.com/gesundheitsthema

Focus 2004: http://www.focus.de/gesundheit/news/infektion_aid_84404.html

Gesundheitliche Aufklärung 2011: http://www.gesundheitlicheaufklaerung.de/tote-aerzte-luegen-nicht

Huch, R. / Largo, R. / Ochsenbein, N. 2015: Ich bin schwanger. Woche für Woche. Trias Verlag: Stuttgart.

Krankheiten A-Z Krebs

Krebshilfe 2016: http://www.krebshilfe.de/wir-informieren/ueber-krebs/krebszahlen.html

Krebsinformationsdienst 2011: https://www.krebsinformationsdienst.de/grundlagen/metastasenbildung.php

Krebsinformationsdienst 2012: https://www.krebsinformationsdienst.de/tumorarten/brustkrebs/hormontherapie.php

Krebsinformationsdienst 2014: https://www.krebsinformationsdienst.de/vorbeugung/risiken/umweltgifte.php

Krebsinformationsdienst 2016: https://www.krebsinformationsdienst.de/grundlagen/krebsstatistiken.php

Krebs die moderne Krankheit 2010: Alles Schall und Rauch: Krebs ist eine moderne Krankheit http://alles-schallundrauch.blogspot.com/2010/10/krebs-ist-eine-moderne-krankheit.html#ixzz4Idv9Cc3J

Mitsis, K. 2015: Krebsleiden. http://www.focus.de/finanzen/news/teurer-kampf-gegen-den-krebs-so-verdient-die-pharmaindustrie-milliarden-mit-dem-leben-der-erkrankten_id_4897513.html

MmNews 2014: Was ist Krebs. www.MMNews.de

Oncology 2003 https://www.oncology-guide.com/ursachen/krebsstatistik/

Tagesspiegel 2011: http://www.tagesspiegel.de/wissen/neue-zahlen-zu-krebs-jeder-vierte-stirbt-an-einem-tumor/11315474.html

The Simple Club 2015: https://www.youtube.com/watch?v=eNG2oFexnT4

The Trophoblastic Theory of Cancer 2011: https://www.youtube.com/watch?v=dG0Gg-rFTTc

Vitamin B17 Ohne Jahreszahl. http://www.vitamin-b17.de/einleitung-was-ist-vitamin-b17/

Vitaminum 2015: http://www.vitaminum.net/blog/krebs/wie-entsteht-krebs-wirklich-die-verschwiegene-wahrheit

Wahrheiten 2010: http://www.wahrheiten.org/blog/2010/07/29/die-pharmaindustrie-der-maechtigste-moerder-der-welt/

Welt Krebsbericht 2014: http://www.focus.de/gesundheit/ratgeber/krebs/news/welt-krebs-bericht-2014-anzahl-der-krebs-erkrankungen-steigt-weltweit-rasant-an_id_3587653.html

Wikipedia 2016: https://de.wikipedia.org/wiki/Corpus_Hippocraticum

https://de.wikipedia.org/wiki/Krebs_(Medizin)

Zentrum der Gesundheit 2016: https://www.zentrum-der-gesundheit.de/krebsstudien-ia.html

5.1 Grafiken

Grafik 1 Weltkarte Krebserkrankungsrisiko

https://d28wbuch0jlv7v.cloudfront.net/images/infografik/normal/infografik_2235_Anteil_haeufiger_Krebsarten_an_der_weltweiten_Zahl_der_Krebs_Todesfaelle_n.jpg

Grafik 2 – Statistik Krebs

https://www.allmystery.de/i/tKXPozQ_Content_Krebserkrankungen-Uebersichtswel.jpg

Grafik 3 - Endoskop

http://www.wolf-endoskope.de/wp-content/uploads/2009/05/laparoskop.jpg

Grafik 4 - Antikörper-Therapie

http://www.brustkrebs-kompetenz.de/images/herzeptin_wm.jpg

Grafik 5 - Aprikosenkerne

http://bewusst-vegan-froh.de/wp-content/uploads/2016/03/B17.jpg

Grafik 6 – Patient vor einer Bestrahlungsröhre

http://info.kopp-verlag.de/medizin-und-gesundheit/gesundes-leben/pf-louis/beweis-krebsindustrie-will-keine-heilung-nicht-einmal-durch-medikamente.html

6. Anhang

Die wichtigsten Eckpfeiler für die Selbstheilungskräfte des 3E Programms

- Die wichtigsten Eckpfeiler für diesen Teil vom 3E-Programm sind:
- Auszeit nehmen an einem ganz besonderen positiven und heilenden Ort
- Lebensenergie, Lebensqualität und Vertrauen aufbauen
- Auflösen von möglichen belastenden und traumatischen Erlebnissen
- Strikte original Öl-Eiweiß-Kost nach Dr. Johanna Budwig (wir sind weltweit das einzige Zentrum, die dies anbietet)
- Bewährte und einfach umsetzbare Entgiftungsmaßnahmen
- Immunsystem-Stabilisierung mit Vitalstoffen
- Zellspannungs-Aufbau
- Stressreduzierung und Abbau belastender Emotionen (z.B. Wut, Ängste)
- Infusionen zum Energieaufbau
- Darm-Reinigung
- Ein neues Verständnis aufbauen, was Krebs ist
- Einzigartige mentale Techniken zur Förderung der Selbstheilung
- Heilmusik
- Bewegung und Yoga
- Meditation und spirituelle Arbeit